POODOKU!

Easy Sudoku
Puzzles to do
In the Loo

Instructions

3	5		2					
		4		5	6	2	8	
					1	9		7
		8	1		4			
4				9				8
2		1		3	7	5	9	
9						7	2	
				8	5	1		
6							4	

3	5	9	2	7	8	4	6	1
1	7	4	9	5	6	2	8	3
8	2	6	3	4	1	9	5	7
5	9	8	1	6	4	3	7	2
4	3	7	5	9	2	6	1	8
2	6	1	8	3	7	5	9	4
9	8	5	4	1	3	7	2	6
7	4	2	6	8	5	1	3	9
6	1	3	7	2	9	8	4	5

Sitting comfortably?

Good ;)

Each Sudoku contains 81 numbers

There are:

9 vertical columns

9 horizontal rows

9 square boxes (identified by a darker outline).

The challenge, if you choose to accept it, is to ensure that each vertical, horizontal, and box contains only the numbers 1 through to 9 with no numbers being duplicated.

Quick Summary: 1 – 9 along all the vertical rows, 1 – 9 down all the horizontal columns, and 1 – 9 in each of the 9 boxes.

Puzzle #1
EASY

	9	1						
		6	1	2			3	
7	3	5		8	6		4	2
3	4	9	7			5	2	6
5				3	9		7	
					4		9	8
9					2			
			3	9				
8	2			7	5			

Puzzle #2
EASY

2		5					6	
3		4	9			2	7	
6			7				8	
						4	9	7
9			4	7			1	3
	6	7		1	9		5	
7		9			4	1		
8					3			5
1	3	2		6				8

Puzzle #3
EASY

		4				6	5	3
				7			8	
6		1			3	4		
4			1			7	3	2
	7		9			8	4	
	3			4	2			6
2			3	1		9		
	1	5	4					
	9	6	8					4

Puzzle #4
EASY

1			5	3			7	2
	7	3	2		1	6		
								5
		1	8		7	5	6	
				1				9
		7			4	2		1
	3	6					5	4
2		4	7				1	6
9		8		6	5			

Puzzle #5
EASY

			5		9		1	7
4				2	1	3	6	
8	7							
1	3				8	5		
				5		7		
6					3		9	1
	6			1		2	4	
7	1	4			5	6		3
	8	9			6	1		

Puzzle #6

EASY

9	7		8	3		2	4	
			9		5			
	3			7		1		
3		2			9		1	4
		7			1	5	9	2
	4			5		7		
4		5	6					8
6		8					7	
7	2					9	5	

Puzzle #7

EASY

		8			1	3		2
2			3	5		8	9	
6	3			9			7	1
5	4			1			2	
		2		7	3	4	5	6
		6			5			9
8			1	6	7			5
4						2		
	9	5		3				8

Puzzle #8
EASY

	5		1			6	7	
2		3			8	9	1	
				9				3
	4	2	9				6	
5		6			7	1	4	
	7		5	6	4		2	8
	2	1		5		4		6
	9	4		2		8		1
			3					2

Puzzle #9
EASY

	5	1	6	7		8	4	
			5	3				7
3					1	9	6	5
9		8		4				
7		5			2	4		
		3		5			7	
5				1				6
			8	2	5		1	4
	4		7		6	5	3	

Puzzle #10
EASY

	7			2			3	
	3	6	7				9		4
	5	1		4			2		8
8		3	1		4			5
				6	2	1		3
				7		4	2	
3				5	6			
6	4	7	8					2
		9			7			1

Puzzle #11
EASY

						2	7	6
	1	8						4
	7						3	
9		2	4	8	7	6		
	6		3	9			2	
				2		3		9
6		3		4	9	8		2
			1		3	7	6	5
7					6	9		

Puzzle #12

EASY

			9	8	6			
					4	2	8	3
7			3	5		6	4	9
4		2			1	5	3	
	3			2	8	1		4
	5				7		6	
	9			7	3	8	5	
6		7						
	8	5		6			2	7

Puzzle #13
EASY

		3			7			1
8		2	6		3			
	7		5	4		3		
			4		5		3	
4	1	8	9		6		5	
3		9			1		4	6
			7	5	4			
6	2					4	1	
				6			8	5

Puzzle #14
EASY

		1		7	2			
2	8	6	5		3		1	9
7	9			1		5		
		9	4				7	2
	5			6		9	4	8
	1	7			8	6		5
		5						7
6		3		2				1
9	7	8					6	

Puzzle #15
EASY

			1		8			
				3	7			6
8	4		5		9	3		
			8					7
5	1	9			6			8
			3	9		5	4	
	8						7	3
2	9		7	1			5	
	3	4	6				2	9

Puzzle #16

EASY

3	1						9		6
	6		7						
5		2	6			1	3		
	4	1						6	2
		5	4	6		3			7
	3		5			8	4	9	
		6	3						1
	2					7			
	8	9		5			2	3	

Puzzle #17

EASY

6			9	8			4	
	9				2	6	7	
2	1	8		6		9		5
	2				1			4
5				9				2
	6	3		4	5	8		
7			3	1			5	
	5	9	4			7		
4	3	6						9

Puzzle #18
EASY

	4	2			3			
8	9		4	2	5			3
6	3			9			4	
7			2		6	3		5
					7		2	
	1				9	7	8	
		9	3		1			8
1	7	5			2	9		
			9			6		

Puzzle #19
EASY

		4	8		6		2	
		5				3		
	2		1		9			
4		1		2		6	8	
		8	9			5	1	
	3			1		4	7	2
					5	9	3	1
3	1	6			4	7		
9	5						6	

Puzzle #20
EASY

7								9
		8	2		6	3		
6		3	5			2	8	
	5	7					1	3
					3			4
8				1		6	2	
2	8		3	9			5	
3				6	1	7		2
9	7		4	2		1	3	

Puzzle #21
EASY

9	2	6	8	3	1	4		
	1			7			8	
3	7				5	2		1
7	8		4				6	3
		9		8		1		
2	3		1					9
5		7	2		8			
	9							
1		3	5			6		

Puzzle #22

EASY

7	3	1				6	8	2
6	5		2		8	1	7	
	9				6		3	5
			9					7
				1	7	8		6
8	7				4		9	1
				6				3
4	1	5	7					
	2	6	8				1	4

Puzzle #23

EASY

			3	4		6		5
1	2		7	5			3	
6							4	
5		7	2		3	1	8	4
		2						3
			4				7	
4					9		2	7
		3		2		8	5	
	8	6		3		4	9	1

Puzzle #24
EASY

5	1		6			9	8	3
7		6	2		9		1	5
8	4				1		2	7
	5			3	8			
1	9	8		7	2			
					5			8
3					4		5	
	7			9		1	6	
9		4					7	

Puzzle #25
EASY

					7		4	6
	9	4		5	3	1		7
8	3		1	6				
	2	8	6					3
		6		1	9	4		8
		1			8			9
		3				6		1
		5				9		
	1		4		6			2

Puzzle #26

EASY

3	8	1	5			7		
	4				9	8		6
	2	6	8	7				4
1			7	9		2	6	
								7
		4	1	2		5		
6				1	7	4	8	3
		9	4	5		6		
4					2	9		

Puzzle #27
EASY

	5	8	6			4		
	1			7	2	6		
					8	1	3	
			5	2	9			
9		3			1	5	8	
1	6	5	8			2		7
5	7						4	1
8	4					9		
				4	8		2	5

Puzzle #28
EASY

4			7	5		8		
	1		3				7	4
	3				6	1		9
1				6				
		5		8	3		9	1
	9	4	5	1	7			
	5	2	8	7		3		
		1	6					
6		7	1		9	4		

Puzzle #29

EASY

6	5			1	2		9	3
		4	8	3		2		7
			5		4	8		
2	6		4	7	1		8	
	7	1	9	5				4
3	4	9						
		7			9		6	5
			1	4				
	1		3		7		4	

Puzzle #30

EASY

		8		3				
	1	9				4		
7	2		8				3	1
1	9				8			5
	6	2	3	7	1			
4		3		5		7	1	6
	7		2				9	
9	3			8	4	1		
	5	1		9			6	

Puzzle #31

EASY

	9	7			4			
	6		9		2		4	5
				1				
6	5			9				
	8	3	6	4		5	9	
9					3	8	6	4
7		9	1			4	8	6
			3		9	1		
5				6	8	3	7	9

Puzzle #32

EASY

6		1						
		9		8			3	5
4			6		2	1		
2		7			9	3		
		3		6	8	5	2	
					3	9		6
5	4	8	3				9	
3	1	2	7	9		8	6	
		6			1	2		

Puzzle #33

EASY

	4	6	8	7		5	9	
1				6	3			
		7						
				5		6	4	
4			7			1		5
	5	3	1	4	9	7		
	6			3	5		2	7
			6				1	8
9		2		1				6

Puzzle #34

EASY

2		7					5	4
3	5				9			2
				5		7		
7			9	6	4	3		5
	1	6	3					
		9	1	2				
	9		5		7			3
8	2			1			9	7
	7	3	4			1		8

Puzzle #35
EASY

5	7			4	6	8		
1							4	9
		8	1		3		2	7
7	9		6	3	2			
	3	5	7	1	8		9	
				5		4		2
			3			2		
		9	4	8			1	
						9	8	4

Puzzle #36
EASY

					5			
		5			9	3	6	
6			8		2			4
7			2	9			3	5
5		3		8		2	1	7
	4		5			8		
3	2	7			6	9		1
4	6				8	5		3
9	5	8		7				

Puzzle #37
EASY

		6			9	5	4	
9						7		8
8	4		5	6	1	9	3	
		1	3					
	2		9	1	6			
	9					6	1	
		9	6	2				
	5	4	1	9		2	8	
1			4	7	5	3		

Puzzle #38
EASY

			3				6	
				6	4	3		8
6	3		8		5	9	4	2
	5	3		8		6		
	7	9	2			8		
8	4	6			3		7	
7				1				
3	1			5		4	2	6
	9	5	6					

Puzzle #39

EASY

	6		7	1		2		
2		7	8			1		
8	1	4		3	2			
		2					7	5
	9				7		1	
3		1	4		8			
			1				2	
1	5				9	6		7
7				4	6		3	1

Puzzle #40
EASY

	5			4	3			6
	1	6			2			
3	2	4	5	6				
	8	7		9	5		6	
4	9	2		1		5		
				7			1	
	7	8			9	2		
		1	6		7	9		
	3	5		8				4

Puzzle #41
EASY

		2	9			7		6
7	4		2			5		9
	9	5			7	4		
					4			3
	6	9			3		8	7
2		8		9	1	6	4	
	5							
9	2						7	1
1		6		7	9	3	5	2

Puzzle #42
EASY

1	9						4	3
	5	2			1		8	
			4		9	5		2
7	4				6	2	5	8
		5	7	4	2	3		1
		1		3		7		
5			9					
			6	2		8		
	7		8		5			

Puzzle #43
EASY

5		8					9		1
3	1	2	7				8		
9		6	3		1	2	5	7	
	2			9	8				
	6	3				5			
			6	2					
2			8	1			4		
		7			5			6	
6		1	9		4				

Puzzle #44

EASY

3		4	1	6			9	
8	9	2		4	3			
7		1	9	8		4	5	
					8	2	7	
5			7					8
			3	2	5			4
6			2		9			
	4				1	7	2	
	1		4	3		5		

Puzzle #45

EASY

		2	5			9	3	4
		1		9				
	5	9			7	6		
2	1	7	4	5			9	3
6	3				8			5
		5			2	4	7	6
7			3		4			
			6	8		2		7
		6	7		5			

Puzzle #46
EASY

6		4	1			5	2	
7			5	9		4		
		3			8	1		6
	3	6	9	4			1	
2	5							7
			2	3		9		
	4				2		9	1
9								2
1		8				7	3	4

Puzzle #47
EASY

3				8	5	7		6
				7		1	4	
5	1			6	4			
		1	8	5	2	6	9	4
	5	8		9	6			7
9		4					8	
1				4	9			
	8	2					6	
			3	2				1

Puzzle #48
EASY

2	4			7		3		8
8				5	2	6	1	
	1	7			8		4	
		4		1			7	5
	7	3	2	6			8	
1	8			4				
7	9		3		4		5	6
		1		8	5			
3	5							

Puzzle #49
EASY

6		9		4	2			
			6			9	3	
			9	1	7			5
3	9		2	6				8
2		6	5		1			
4	7	5	8	9				
	3	4	7			2		
1					5	3	8	9
				3			4	6

Puzzle #50
EASY

1				5			9	4
	8	7	9			1		
		9	1	2		6		
8	1		7	3			6	
		2		4	9			
7		4	6	1		3		
	7	8	2	9				6
	5				6		3	
4	2	6			5			8

Puzzle #51
EASY

7	4	5	3					
	6	9					4	8
8	3	1	2					
1		3	5	9			2	4
			7			1	9	
					6			
9		2	6		3	4	5	7
				5			8	6
3			8		7	1	9	

Puzzle #52

EASY

			7		4			9
6				9	8		7	1
				1				8
					6	8		
	4	1	8	3			5	
	8			2	1		4	
	2				9	6		
8		7	6	4		1	3	
	6		1		5		9	7

Puzzle #53

EASY

8				1	2			
	2	1		7		4		6
	7	5			3			2
					8	1		4
	9	3	6				2	8
4				2	5	7		
				3			8	
5		9	2	8	1			7
	8		9		6		3	1

Puzzle #54

EASY

			6		3			5
9	6			2			1	
						9		4
	9	7	8	6	1		4	3
1		8	2	4	5		7	
						1	8	
3			9	8		4	5	7
	8	4	1					6
		9				8		

Puzzle #55
EASY

		8			5		1	
5	1	6	2	9		7		8
			6				2	4
6	7			4				
9				6		2		5
		4		2	1			6
			1			9	8	2
2		7			9	1		
1	6					4		

Puzzle #56

EASY

2	7	1	6	9				
3	6			4	2	5		
4				3	1	7	2	6
		6		4				
1	2			7				
	3	9			6		5	
						8		4
	8				3	2	6	
		3		5		9	1	

Puzzle #57
EASY

5					9		3	
8				6	3		2	
2	9		8		7	4		1
3	7	2	1	9		8		
			3				9	7
		4		7	5	2	1	3
		1		2	6	3		
7							9	
6								5

Puzzle #58
EASY

					4	7		2
1	4			3		6		
	3	6		8				1
		1	5			3		
9			2			4	8	
				4				9
2			3		6			4
	9		8			1	5	
3	5	7	4	1				6

Puzzle #59

EASY

		2			3			6
				2		7	8	4
		4		1		2		3
	8				7	6	2	5
	2	9		4	5	1		
	3		1		2			
			7		1	3		
1	6			9	4			
9	7		2		6	8		

Puzzle #60

EASY

				6	5			1
9		1	8	4			2	5
	8			2	9	3	4	7
4				1				8
	7	2	9					4
8		3			4	9	5	
	4	6	2	9				3
2		8						
				5	1		8	

Puzzle #61

EASY

	9	3	7		5	2	8	
5	7	8					3	
		4		3	9	5	6	
1	2					6		5
	3			1	4		7	
								8
				6				3
7	6	2	3				5	
		1		7		8	9	

Puzzle #62
EASY

			3	4		5		
	1	3	9	2			6	7
					7	8	1	
9	3			7				
6						1		
	7	8	6		4	2	5	9
		7			6		8	
4				8	9	3		
8		5				7		

Puzzle #63

EASY

					5			
		4				9		2
3			9	2	1		8	
	5		8			2	7	1
	1	8			4			5
	2			5	3	4		
9	3	2	5			6		
1		5	7					
8		7	3	6				

Puzzle #64
EASY

			5	1			2	
	6		7		9			3
2		5	6	3			7	4
9				5				
5			4				1	
	4		8	7	2	6		5
1	8		2				4	7
4	3		9					
	5	7						9

Puzzle #65
EASY

	9	2		8			3	1
1		3	7	9				
8		6			5		9	
				7	4	9	2	3
		7	5					4
9				3			5	6
3		8	9			6		
6				4		3	7	
			6	2		1		9

Puzzle #66
EASY

		3		5				
5		9	1	7	4	2		
	6	2				4	5	7
			4				1	
			5	3			4	
4		1			9	3	2	6
3				2	7	6	8	
		6	8	1	5	9		4
				4		1	7	

Puzzle #67
EASY

			5	4			8	3
5	8		9	2			4	
	4				8			
		8	2	9			1	6
2	5		4					
		4				2		9
8	9		1	6		7		
		5	7	3	9	8		4
4		7					3	

Puzzle #68
EASY

	9	5	7	8	6		2	
			5	3		7	6	
3	7					8		9
5		9		7	3			
	3	7				2		5
	8	1		2	5			4
7				9	4		1	
9	1			6				2
		2				9		7

Puzzle #69
EASY

7	3			1		2	9	
	1				2			4
	8	6			9		3	1
5			7	3	4			8
	7		6				5	2
		9		8			7	
1			9				2	
3	5			6				
6	9		1	2	3			7

Puzzle #70
EASY

3	8		6	2			1	
						5	2	9
		5		1	7	3		8
	5			6				3
	6	4	7			2		
			4		8	1		
7	4	6		3			5	
5			1	4	6	8		2
	1	2	5	7			3	

Puzzle #71

EASY

		2	9			7		
		9		5				4
8							6	
5				7				6
	4	3	9		5	1	8	7
7				1	4		2	3
9		5	6			3		
	2						7	
	1	8	4	2	7			9

Puzzle #72
EASY

			6		8		3	
8	9	1			3	5		
6								4
					5	9	4	
	4	8					5	
7	6		4		9	2		3
1	8			5	7	4	6	2
4		3			6		1	8
	7			8	4			

Puzzle #73

EASY

		9	1					
1			8	3			4	6
	6		4					8
6	5	7			2			1
9	3		7	4			5	2
		1				7		
7	9	3		6			1	
		4				8		9
2	8			1		5	3	

Puzzle #74
EASY

	8	5	2		7			
	3					5	4	
		4	6		5			8
	9		1	8	6			2
5	6	2			4	7		
							9	6
		9	5	7		3		
		1	4	2			7	
4	7					8		5

Puzzle #75
EASY

	5		1			3		
	8			7	6	4		1
			8		2			7
	2		6				3	8
1		8	3		7			4
		4			8	5		
6		2	7			1	4	
		5					7	
4	9			1			6	3

Puzzle #76

EASY

			7	1		5	3	
	3		8		5		2	9
2		7		9		8	1	6
6				2				
		9	6	4	1			5
				3		4	6	
3		5	1			6		2
9					4			
		8	3	5	6		9	

Puzzle #77

EASY

2	7			6	5			
		6		4	8	1		
	5	1	7	3				4
	3	7	6			2		
5	1			8				
		9			3			
7				1	4		8	6
				7		3		
	6	3	8	9	2	7	4	

Puzzle #78
EASY

	2	1		3	6	8		
6	3				4		7	
		7			8	6		9
		6	3	9	5		8	4
				6			1	
2	8				1	3	9	
4			1	2				8
1					9			3
	6		5	4		9		

Puzzle #79
EASY

1							8	7
5				3		2	1	4
8			1	6				5
							5	2
	5	2	7			3	4	6
	8				2	7		1
			2		6			
		1	4	9			2	
2	3	8			1	4		

Puzzle #80

EASY

				4				1
5			6	8	3			9
3	2	4		1		5	6	8
		6			4		2	
		1		3	6	7		
2	7			5				6
		5	7			6	9	
		8		9			3	
9		2			1	8		

Puzzle #81
EASY

4	7	9	6					
8		6		4	1	5		
	5						7	
			9				6	2
	8	7	4					3
		2	3	1	8	4		
1				8				
6	2		5		9	1	4	8
	4			3		2	9	

Puzzle #82
EASY

		2	4	6		7	8	
						2	3	5
8				1	2		9	
5	9		2	7				4
		6	1	3				8
1					6			
7	4	8		2	3	6		
6	2					5		3
				9	7			2

Puzzle #83
EASY

	1	6	2				4	5
9	4	5				3	6	
		2	6	4	5			8
	8		3	7		5		4
6		4		8				3
2						6	8	
	2	3				4	9	7
		1		2				
4			5		7			

Puzzle #84

EASY

6		7			4		5	
	4			2	5		6	
2			6	1		4	7	9
		6			1			4
				6			8	
	9	8		4				
5					3	9		
1	6		9		2	7		8
		4		7	6	2		

Puzzle #85

EASY

2	1			9				4
6	7		8					3
	3		5	6	2		9	7
				7			4	
1			9			7	5	
7	6		4		8	9	3	
	8	6			5		7	9
4	9		6	2				5
					9			6

Puzzle #86
EASY

							6	
1	5			9			3	7
			5		1	2	9	
5		1					8	
9	4		2	1				
	2	6	8			1		9
8				7	2	4		1
			1	5	8		2	3
		3	9		6	5		

Puzzle #87
EASY

	3		9		6			
			2		3		7	5
	8		7					
	4			5			3	2
	9		3	7		5	8	6
5	7	3				4		1
	6		5	3				
3	5					2		9
	2	8		9			5	

Puzzle #88

EASY

1	9	5				4		
		3		5				6
6	7	8		3		5		1
7				4			1	9
		4				6		2
	3	1	7					
8			3			1		7
2				8		9		3
3			5		7		8	

Puzzle #89
EASY

8				3				
9	4		5	2		7	8	
6	2	1				4		
		5			8			4
	7			1	9	2		
3			4	5		1	9	7
		8			3	5		
	3	4	9	8			7	
				6	2	8	4	

Puzzle #90

EASY

6	9	2	7					3
8	1		9	2				
7	5	4		6				
	4	9			8		7	
2		8						1
	7				1	4		8
		7	8		9	5		6
3					7	2	9	4
				4		3		

Puzzle #91

EASY

	3					4		7
2	8	5	1			3	9	
	4		8					1
4		9			1			8
	1					9	2	5
8		7	6			1		
	6	4			5	7		2
3		8			4		1	9
5					3	8	6	

Puzzle #92
EASY

	4		7		5	2	6	9
		1	3	8				7
		9					3	
4		3	1	5			9	6
	5				6		8	
9		6				4		
6				4		8		
8	1		9	3				
		4	8	6	2		5	

Puzzle #93

EASY

4	7							
	3				5		6	
6	2					3	4	5
7			6	1			8	4
		1		2				3
	6		8	3			9	
3		2	7		6	8		
9		6		5	2			7
			3	9		1		6

Puzzle #94

EASY

6	8		1	3			7	4
3	2			9	4	1	6	
	4	7					9	3
	5	4	2		6	3	8	
7					3			
						7	4	
		2						6
	7	1		8		9		
	9					4	5	7

Puzzle #95
EASY

2	5		8					6
	3		5	6		2	1	
7						8	9	
	9				5		3	
	1	2		4	3			
4	7		1	8		9		
9		5		3	8	7	6	
	4		7	1		5	8	
	8		6					3

Puzzle #96

EASY

	1			2	8			5
6	7	2		5				8
8						2		
			8	1	4	9		
		1	2			5	4	7
	3		9	7	5	1		
7		4				3	5	
				6	3		2	4
5				4	9		6	

Puzzle #97
EASY

				7		5	8	3
			3					6
1		8	4		5	7		
	6		2		9	8		
	2		7			6	5	
5		9		8				4
					2		1	
	9	1			6		2	
3	5	2		4				8

Puzzle #98
EASY

	6				1		7	
		3			2			
					4		8	
	1	7					2	8
		5	2	9				
6		9	8				3	5
	3		1				4	2
	8	4	3				9	7
7	9	2	5	4	8	3		1

Puzzle #99

EASY

	8				3			
3		4	9	8	1	5	6	2
1			6		7		8	9
		6	8	1	5	4		
		3		7	6			1
8	4			9				
			1				7	
4		2	7	6				
9			5				3	

Puzzle #100
EASY

5		9	6					2
	8	2		4	9	6	5	7
	6	1			2	4	9	
4				3		5		
		7		2		8		
9	1	5			6	2		
8					4		2	
	7		8	1			4	
	5					3		6

Puzzle # 1

2	9	1	5	4	3	8	6	7
4	8	6	1	2	7	9	3	5
7	3	5	9	8	6	1	4	2
3	4	9	7	1	8	5	2	6
5	6	8	2	3	9	4	7	1
1	7	2	6	5	4	3	9	8
9	1	4	8	6	2	7	5	3
6	5	7	3	9	1	2	8	4
8	2	3	4	7	5	6	1	9

Puzzle # 2

2	7	5	8	4	1	3	6	9
3	8	4	9	5	6	2	7	1
6	9	1	7	3	2	5	8	4
5	1	3	6	2	8	4	9	7
9	2	8	4	7	5	6	1	3
4	6	7	3	1	9	8	5	2
7	5	9	2	8	4	1	3	6
8	4	6	1	9	3	7	2	5
1	3	2	5	6	7	9	4	8

Puzzle # 3

7	8	4	2	9	1	6	5	3
9	5	3	6	7	4	2	8	1
6	2	1	5	8	3	4	7	9
4	6	9	1	5	8	7	3	2
1	7	2	9	3	6	8	4	5
5	3	8	7	4	2	1	9	6
2	4	7	3	1	5	9	6	8
8	1	5	4	6	9	3	2	7
3	9	6	8	2	7	5	1	4

Puzzle # 4

1	6	9	5	3	8	4	7	2
5	7	3	2	4	1	6	9	8
8	4	2	6	7	9	1	3	5
4	2	1	8	9	7	5	6	3
3	8	5	1	2	6	7	4	9
6	9	7	3	5	4	2	8	1
7	3	6	9	1	2	8	5	4
2	5	4	7	8	3	9	1	6
9	1	8	4	6	5	3	2	7

Puzzle # 5

3	2	6	5	8	9	4	1	7
4	9	5	7	2	1	3	6	8
8	7	1	6	3	4	9	5	2
1	3	7	9	6	8	5	2	4
9	4	8	1	5	2	7	3	6
6	5	2	4	7	3	8	9	1
5	6	3	8	1	7	2	4	9
7	1	4	2	9	5	6	8	3
2	8	9	3	4	6	1	7	5

Puzzle # 6

9	7	1	8	3	6	2	4	5
2	8	4	9	1	5	6	3	7
5	3	6	4	7	2	1	8	9
3	5	2	7	6	9	8	1	4
8	6	7	3	4	1	5	9	2
1	4	9	2	5	8	7	6	3
4	1	5	6	9	7	3	2	8
6	9	8	5	2	3	4	7	1
7	2	3	1	8	4	9	5	6

Puzzle # 7

9	5	8	7	4	1	3	6	2
2	1	7	3	5	6	8	9	4
6	3	4	8	9	2	5	7	1
5	4	9	6	1	8	7	2	3
1	8	2	9	7	3	4	5	6
3	7	6	4	2	5	1	8	9
8	2	3	1	6	7	9	4	5
4	6	1	5	8	9	2	3	7
7	9	5	2	3	4	6	1	8

Puzzle # 8

9	5	8	1	3	2	6	7	4
2	6	3	4	7	8	9	1	5
4	1	7	6	9	5	2	8	3
8	4	2	9	1	3	5	6	7
5	3	6	2	8	7	1	4	9
1	7	9	5	6	4	3	2	8
7	2	1	8	5	9	4	3	6
3	9	4	7	2	6	8	5	1
6	8	5	3	4	1	7	9	2

Puzzle # 9

2	5	1	6	7	9	8	4	3
8	9	6	5	3	4	1	2	7
3	7	4	2	8	1	9	6	5
9	6	8	1	4	7	3	5	2
7	1	5	3	6	2	4	8	9
4	2	3	9	5	8	6	7	1
5	8	7	4	1	3	2	9	6
6	3	9	8	2	5	7	1	4
1	4	2	7	9	6	5	3	8

Puzzle # 10

4	7	8	9	2	1	5	3	6
2	3	6	7	8	5	9	1	4
9	5	1	6	4	3	2	7	8
8	2	3	1	9	4	7	6	5
7	9	4	5	6	2	1	8	3
1	6	5	3	7	8	4	2	9
3	1	2	4	5	6	8	9	7
6	4	7	8	1	9	3	5	2
5	8	9	2	3	7	6	4	1

Puzzle # 11

5	9	4	1	3	8	2	7	6
3	1	8	6	7	2	5	9	4
2	7	6	9	5	4	1	3	8
9	3	2	4	8	7	6	5	1
8	6	5	3	9	1	4	2	7
1	4	7	2	6	5	3	8	9
6	5	3	7	4	9	8	1	2
4	2	9	8	1	3	7	6	5
7	8	1	5	2	6	9	4	3

Puzzle # 12

2	4	3	9	8	6	7	1	5
5	6	9	7	1	4	2	8	3
7	1	8	3	5	2	6	4	9
4	7	2	6	9	1	5	3	8
9	3	6	5	2	8	1	7	4
8	5	1	4	3	7	9	6	2
1	9	4	2	7	3	8	5	6
6	2	7	8	4	5	3	9	1
3	8	5	1	6	9	4	2	7

Puzzle # 13

5	4	3	8	2	7	6	9	1
8	9	2	6	1	3	5	7	4
1	7	6	5	4	9	3	2	8
2	6	7	4	8	5	1	3	9
4	1	8	9	3	6	7	5	2
3	5	9	2	7	1	8	4	6
9	8	1	7	5	4	2	6	3
6	2	5	3	9	8	4	1	7
7	3	4	1	6	2	9	8	5

Puzzle # 14

5	3	1	9	7	2	4	8	6
2	8	6	5	4	3	7	1	9
7	9	4	8	1	6	5	2	3
8	6	9	4	3	5	1	7	2
3	5	2	1	6	7	9	4	8
4	1	7	2	9	8	6	3	5
1	2	5	6	8	4	3	9	7
6	4	3	7	2	9	8	5	1
9	7	8	3	5	1	2	6	4

Puzzle # 15

3	6	2	1	4	8	7	9	5
9	5	1	2	3	7	4	8	6
8	4	7	5	6	9	3	1	2
4	2	3	8	5	1	9	6	7
5	1	9	4	7	6	2	3	8
6	7	8	3	9	2	5	4	1
1	8	5	9	2	4	6	7	3
2	9	6	7	1	3	8	5	4
7	3	4	6	8	5	1	2	9

Puzzle # 16

3	1	4	2	8	5	9	7	6
9	6	8	7	3	1	2	5	4
5	7	2	6	9	4	1	3	8
8	4	1	9	7	3	5	6	2
2	9	5	4	6	8	3	1	7
6	3	7	5	1	2	8	4	9
7	5	6	3	2	9	4	8	1
1	2	3	8	4	6	7	9	5
4	8	9	1	5	7	6	2	3

Puzzle # 17

6	7	5	9	8	3	2	4	1
3	9	4	1	5	2	6	7	8
2	1	8	7	6	4	9	3	5
8	2	7	6	3	1	5	9	4
5	4	1	8	9	7	3	6	2
9	6	3	2	4	5	8	1	7
7	8	2	3	1	9	4	5	6
1	5	9	4	2	6	7	8	3
4	3	6	5	7	8	1	2	9

Puzzle # 18

5	4	2	1	6	3	8	7	9
8	9	7	4	2	5	1	6	3
6	3	1	7	9	8	5	4	2
7	8	4	2	1	6	3	9	5
9	5	6	8	3	7	4	2	1
2	1	3	5	4	9	7	8	6
4	6	9	3	7	1	2	5	8
1	7	5	6	8	2	9	3	4
3	2	8	9	5	4	6	1	7

Puzzle # 19

7	9	4	8	3	6	1	2	5
1	8	5	4	7	2	3	9	6
6	2	3	1	5	9	8	4	7
4	7	1	5	2	3	6	8	9
2	6	8	9	4	7	5	1	3
5	3	9	6	1	8	4	7	2
8	4	2	7	6	5	9	3	1
3	1	6	2	9	4	7	5	8
9	5	7	3	8	1	2	6	4

Puzzle # 20

7	2	4	1	3	8	5	6	9
5	9	8	2	7	6	3	4	1
6	1	3	5	4	9	2	8	7
4	5	7	6	8	2	9	1	3
1	6	2	9	5	3	8	7	4
8	3	9	7	1	4	6	2	5
2	8	1	3	9	7	4	5	6
3	4	5	8	6	1	7	9	2
9	7	6	4	2	5	1	3	8

Puzzle # 21

9	2	6	8	3	1	4	5	7
4	1	5	9	7	2	3	8	6
3	7	8	6	4	5	2	9	1
7	8	1	4	2	9	5	6	3
6	5	9	7	8	3	1	4	2
2	3	4	1	5	6	8	7	9
5	6	7	2	1	8	9	3	4
8	9	2	3	6	4	7	1	5
1	4	3	5	9	7	6	2	8

Puzzle # 22

7	3	1	5	4	9	6	8	2
6	5	4	2	3	8	1	7	9
2	9	8	1	7	6	4	3	5
1	6	3	9	8	2	5	4	7
5	4	9	3	1	7	8	2	6
8	7	2	6	5	4	3	9	1
9	8	7	4	6	1	2	5	3
4	1	5	7	2	3	9	6	8
3	2	6	8	9	5	7	1	4

Puzzle # 23

8	7	9	3	4	2	6	1	5
1	2	4	7	5	6	9	3	8
6	3	5	9	1	8	7	4	2
5	6	7	2	9	3	1	8	4
9	4	2	8	7	1	5	6	3
3	1	8	4	6	5	2	7	9
4	5	1	6	8	9	3	2	7
7	9	3	1	2	4	8	5	6
2	8	6	5	3	7	4	9	1

Puzzle # 24

5	1	2	6	4	7	9	8	3
7	3	6	2	8	9	4	1	5
8	4	9	3	5	1	6	2	7
6	5	7	9	3	8	2	4	1
1	9	8	4	7	2	5	3	6
4	2	3	1	6	5	7	9	8
3	6	1	7	2	4	8	5	9
2	7	5	8	9	3	1	6	4
9	8	4	5	1	6	3	7	2

Puzzle # 25

1	5	2	9	8	7	3	4	6
6	9	4	2	5	3	1	8	7
8	3	7	1	6	4	2	9	5
9	2	8	6	4	5	7	1	3
5	7	6	3	1	9	4	2	8
3	4	1	7	2	8	5	6	9
4	8	3	5	9	2	6	7	1
2	6	5	8	7	1	9	3	4
7	1	9	4	3	6	8	5	2

Puzzle # 26

3	8	1	5	4	6	7	9	2
5	4	7	2	3	9	8	1	6
9	2	6	8	7	1	3	5	4
1	3	5	7	9	4	2	6	8
2	9	8	3	6	5	1	4	7
7	6	4	1	2	8	5	3	9
6	5	2	9	1	7	4	8	3
8	7	9	4	5	3	6	2	1
4	1	3	6	8	2	9	7	5

Puzzle # 27

2	5	8	6	1	3	4	7	9
3	1	4	9	7	2	6	5	8
7	9	6	4	8	5	1	3	2
4	8	7	5	2	9	3	1	6
9	2	3	7	6	1	5	8	4
1	6	5	8	3	4	2	9	7
5	7	2	3	9	6	8	4	1
8	4	1	2	5	7	9	6	3
6	3	9	1	4	8	7	2	5

Puzzle # 28

4	2	9	7	5	1	8	6	3
5	1	6	3	9	8	2	7	4
7	3	8	2	4	6	1	5	9
1	7	3	9	6	2	5	4	8
2	6	5	4	8	3	7	9	1
8	9	4	5	1	7	6	3	2
9	5	2	8	7	4	3	1	6
3	4	1	6	2	5	9	8	7
6	8	7	1	3	9	4	2	5

Puzzle # 29

6	5	8	7	1	2	4	9	3
1	9	4	8	3	6	2	5	7
7	2	3	5	9	4	8	1	6
2	6	5	4	7	1	3	8	9
8	7	1	9	5	3	6	2	4
3	4	9	6	2	8	5	7	1
4	3	7	2	8	9	1	6	5
9	8	6	1	4	5	7	3	2
5	1	2	3	6	7	9	4	8

Puzzle # 30

6	4	8	1	3	7	2	5	9
3	1	9	6	2	5	4	8	7
7	2	5	8	4	9	6	3	1
1	9	7	4	6	8	3	2	5
5	6	2	3	7	1	9	4	8
4	8	3	9	5	2	7	1	6
8	7	4	2	1	6	5	9	3
9	3	6	5	8	4	1	7	2
2	5	1	7	9	3	8	6	4

Puzzle # 31

3	9	7	5	8	4	6	2	1
1	6	8	9	3	2	7	4	5
4	2	5	7	1	6	9	3	8
6	5	4	8	9	7	2	1	3
2	8	3	6	4	1	5	9	7
9	7	1	2	5	3	8	6	4
7	3	9	1	2	5	4	8	6
8	4	6	3	7	9	1	5	2
5	1	2	4	6	8	3	7	9

Puzzle # 32

6	3	1	9	5	7	4	8	2
7	2	9	1	8	4	6	3	5
4	8	5	6	3	2	1	7	9
2	6	7	5	1	9	3	4	8
1	9	3	4	6	8	5	2	7
8	5	4	2	7	3	9	1	6
5	4	8	3	2	6	7	9	1
3	1	2	7	9	5	8	6	4
9	7	6	8	4	1	2	5	3

Puzzle # 33

2	4	6	8	7	1	5	9	3
1	9	5	2	6	3	8	7	4
3	8	7	5	9	4	2	6	1
7	1	8	3	5	2	6	4	9
4	2	9	7	8	6	1	3	5
6	5	3	1	4	9	7	8	2
8	6	1	9	3	5	4	2	7
5	3	4	6	2	7	9	1	8
9	7	2	4	1	8	3	5	6

Puzzle # 34

2	6	7	8	3	1	5	4	9
3	5	1	7	4	9	8	2	6
9	4	8	2	5	6	7	3	1
7	8	2	9	6	4	3	1	5
4	1	6	3	7	5	9	8	2
5	3	9	1	2	8	6	7	4
1	9	4	5	8	7	2	6	3
8	2	5	6	1	3	4	9	7
6	7	3	4	9	2	1	5	8

Puzzle # 35

5	7	2	9	4	6	8	3	1
1	6	3	8	2	7	5	4	9
9	4	8	1	5	3	6	2	7
7	9	4	6	3	2	1	5	8
2	3	5	7	1	8	4	9	6
8	1	6	5	9	4	3	7	2
4	8	1	3	7	9	2	6	5
6	2	9	4	8	5	7	1	3
3	5	7	2	6	1	9	8	4

Puzzle # 36

8	7	4	3	6	5	1	2	9
2	1	5	7	4	9	3	6	8
6	3	9	8	1	2	7	5	4
7	8	6	2	9	1	4	3	5
5	9	3	6	8	4	2	1	7
1	4	2	5	3	7	8	9	6
3	2	7	4	5	6	9	8	1
4	6	1	9	2	8	5	7	3
9	5	8	1	7	3	6	4	2

Puzzle # 37

2	3	6	7	8	9	5	4	1
9	1	5	2	3	4	7	6	8
8	4	7	5	6	1	9	3	2
4	6	1	3	5	7	8	2	9
5	2	8	9	1	6	4	7	3
7	9	3	8	4	2	6	1	5
3	7	9	6	2	8	1	5	4
6	5	4	1	9	3	2	8	7
1	8	2	4	7	5	3	9	6

Puzzle # 38

9	8	4	3	2	1	7	6	5
5	2	7	9	6	4	3	1	8
6	3	1	8	7	5	9	4	2
2	5	3	1	8	7	6	9	4
1	7	9	2	4	6	8	5	3
8	4	6	5	9	3	2	7	1
7	6	2	4	1	8	5	3	9
3	1	8	7	5	9	4	2	6
4	9	5	6	3	2	1	8	7

Puzzle # 39

9	6	5	7	1	4	2	8	3
2	3	7	8	6	5	1	9	4
8	1	4	9	3	2	7	5	6
4	8	2	6	9	1	3	7	5
5	9	6	3	2	7	4	1	8
3	7	1	4	5	8	9	6	2
6	4	8	1	7	3	5	2	9
1	5	3	2	8	9	6	4	7
7	2	9	5	4	6	8	3	1

Puzzle # 40

8	5	9	7	4	3	1	2	6
7	1	6	9	8	2	3	4	5
3	2	4	5	6	1	7	9	8
1	8	7	3	9	5	4	6	2
4	9	2	8	1	6	5	3	7
5	6	3	2	7	4	8	1	9
6	7	8	4	3	9	2	5	1
2	4	1	6	5	7	9	8	3
9	3	5	1	2	8	6	7	4

Puzzle # 41

8	1	2	9	4	5	7	3	6
7	4	3	2	6	8	5	1	9
6	9	5	1	3	7	4	2	8
5	7	1	6	8	4	2	9	3
4	6	9	5	2	3	1	8	7
2	3	8	7	9	1	6	4	5
3	5	7	8	1	2	9	6	4
9	2	4	3	5	6	8	7	1
1	8	6	4	7	9	3	5	2

Puzzle # 42

1	9	8	2	5	7	6	4	3
4	5	2	3	6	1	9	8	7
6	3	7	4	8	9	5	1	2
7	4	3	1	9	6	2	5	8
8	6	5	7	4	2	3	9	1
9	2	1	5	3	8	7	6	4
5	8	4	9	7	3	1	2	6
3	1	9	6	2	4	8	7	5
2	7	6	8	1	5	4	3	9

Puzzle # 43

5	7	8	4	6	2	9	3	1
3	1	2	7	5	9	6	8	4
9	4	6	3	8	1	2	5	7
7	2	4	5	9	8	1	6	3
8	6	3	1	4	7	5	9	2
1	5	9	6	2	3	4	7	8
2	3	5	8	1	6	7	4	9
4	9	7	2	3	5	8	1	6
6	8	1	9	7	4	3	2	5

Puzzle # 44

3	5	4	1	6	7	8	9	2
8	9	2	5	4	3	6	1	7
7	6	1	9	8	2	4	5	3
4	3	9	6	1	8	2	7	5
5	2	6	7	9	4	1	3	8
1	7	8	3	2	5	9	6	4
6	8	5	2	7	9	3	4	1
9	4	3	8	5	1	7	2	6
2	1	7	4	3	6	5	8	9

Puzzle # 45

8	7	2	5	6	1	9	3	4
4	6	1	8	9	3	7	5	2
3	5	9	2	4	7	6	8	1
2	1	7	4	5	6	8	9	3
6	3	4	9	7	8	1	2	5
9	8	5	1	3	2	4	7	6
7	2	8	3	1	4	5	6	9
5	4	3	6	8	9	2	1	7
1	9	6	7	2	5	3	4	8

Puzzle # 46

6	8	4	1	7	3	5	2	9
7	1	2	5	9	6	4	8	3
5	9	3	4	2	8	1	7	6
8	3	6	9	4	7	2	1	5
2	5	9	8	6	1	3	4	7
4	7	1	2	3	5	9	6	8
3	4	5	7	8	2	6	9	1
9	6	7	3	1	4	8	5	2
1	2	8	6	5	9	7	3	4

Puzzle # 47

3	4	9	1	8	5	7	2	6
8	2	6	9	7	3	1	4	5
5	1	7	2	6	4	8	3	9
7	3	1	8	5	2	6	9	4
2	5	8	4	9	6	3	1	7
9	6	4	7	3	1	5	8	2
1	7	3	6	4	9	2	5	8
4	8	2	5	1	7	9	6	3
6	9	5	3	2	8	4	7	1

Puzzle # 48

2	4	5	1	7	6	3	9	8
8	3	9	4	5	2	6	1	7
6	1	7	9	3	8	5	4	2
9	6	4	8	1	3	2	7	5
5	7	3	2	6	9	4	8	1
1	8	2	5	4	7	9	6	3
7	9	8	3	2	4	1	5	6
4	2	1	6	8	5	7	3	9
3	5	6	7	9	1	8	2	4

Puzzle # 49

6	5	9	3	4	2	8	1	7
7	1	2	6	5	8	9	3	4
8	4	3	9	1	7	6	2	5
3	9	1	2	6	4	5	7	8
2	8	6	5	7	1	4	9	3
4	7	5	8	9	3	1	6	2
9	3	4	7	8	6	2	5	1
1	6	7	4	2	5	3	8	9
5	2	8	1	3	9	7	4	6

Puzzle # 50

1	6	3	8	5	7	2	9	4
2	8	7	9	6	4	1	5	3
5	4	9	1	2	3	6	8	7
8	1	5	7	3	2	4	6	9
6	3	2	5	4	9	8	7	1
7	9	4	6	1	8	3	2	5
3	7	8	2	9	1	5	4	6
9	5	1	4	8	6	7	3	2
4	2	6	3	7	5	9	1	8

Puzzle # 51

7	4	5	3	8	9	2	1	6
2	6	9	1	7	5	3	4	8
8	3	1	2	6	4	5	7	9
1	7	3	5	9	8	6	2	4
6	2	4	7	3	1	9	8	5
5	9	8	4	2	6	7	3	1
9	8	2	6	1	3	4	5	7
4	1	7	9	5	2	8	6	3
3	5	6	8	4	7	1	9	2

Puzzle # 52

3	1	8	7	6	4	5	2	9
6	5	4	2	9	8	3	7	1
9	7	2	5	1	3	4	6	8
7	3	9	4	5	6	8	1	2
2	4	1	8	3	7	9	5	6
5	8	6	9	2	1	7	4	3
1	2	5	3	7	9	6	8	4
8	9	7	6	4	2	1	3	5
4	6	3	1	8	5	2	9	7

Puzzle # 53

8	4	6	5	1	2	3	7	9
3	2	1	8	7	9	4	5	6
9	7	5	4	6	3	8	1	2
2	5	7	3	9	8	1	6	4
1	9	3	6	4	7	5	2	8
4	6	8	1	2	5	7	9	3
6	1	2	7	3	4	9	8	5
5	3	9	2	8	1	6	4	7
7	8	4	9	5	6	2	3	1

Puzzle # 54

8	4	1	6	9	3	7	2	5
9	6	5	7	2	4	3	1	8
7	2	3	5	1	8	9	6	4
2	9	7	8	6	1	5	4	3
1	3	8	2	4	5	6	7	9
4	5	6	3	7	9	1	8	2
3	1	2	9	8	6	4	5	7
5	8	4	1	3	7	2	9	6
6	7	9	4	5	2	8	3	1

Puzzle # 55

4	2	8	7	3	5	6	1	9
5	1	6	2	9	4	7	3	8
7	9	3	6	1	8	5	2	4
6	7	2	5	4	3	8	9	1
9	3	1	8	6	7	2	4	5
8	5	4	9	2	1	3	7	6
3	4	5	1	7	6	9	8	2
2	8	7	4	5	9	1	6	3
1	6	9	3	8	2	4	5	7

Puzzle # 56

2	7	1	6	9	5	3	4	8
3	6	8	7	4	2	5	9	1
4	9	5	8	3	1	7	2	6
8	5	6	3	2	4	1	7	9
1	2	4	5	7	9	6	8	3
7	3	9	1	8	6	4	5	2
5	1	2	9	6	7	8	3	4
9	8	7	4	1	3	2	6	5
6	4	3	2	5	8	9	1	7

Puzzle # 57

5	4	6	2	1	9	7	3	8
8	1	7	4	6	3	5	2	9
2	9	3	8	5	7	4	6	1
3	7	2	1	9	4	8	5	6
1	6	5	3	8	2	9	7	4
9	8	4	6	7	5	2	1	3
4	5	1	9	2	6	3	8	7
7	3	8	5	4	1	6	9	2
6	2	9	7	3	8	1	4	5

Puzzle # 58

5	8	9	1	6	4	7	3	2
1	4	2	7	3	5	6	9	8
7	3	6	9	8	2	5	4	1
4	2	1	5	9	8	3	6	7
9	6	3	2	7	1	4	8	5
8	7	5	6	4	3	2	1	9
2	1	8	3	5	6	9	7	4
6	9	4	8	2	7	1	5	3
3	5	7	4	1	9	8	2	6

Puzzle # 59

8	5	2	4	7	3	9	1	6
3	1	6	5	2	9	7	8	4
7	9	4	6	1	8	2	5	3
4	8	1	9	3	7	6	2	5
6	2	9	8	4	5	1	3	7
5	3	7	1	6	2	4	9	8
2	4	5	7	8	1	3	6	9
1	6	8	3	9	4	5	7	2
9	7	3	2	5	6	8	4	1

Puzzle # 60

7	2	4	3	6	5	8	9	1
9	3	1	8	4	7	6	2	5
6	8	5	1	2	9	3	4	7
4	6	9	5	1	2	7	3	8
5	7	2	9	8	3	1	6	4
8	1	3	6	7	4	9	5	2
1	4	6	2	9	8	5	7	3
2	5	8	7	3	6	4	1	9
3	9	7	4	5	1	2	8	6

Puzzle # 61

6	9	3	7	4	5	2	8	1
5	7	8	1	2	6	4	3	9
2	1	4	8	3	9	5	6	7
1	2	7	9	8	3	6	4	5
8	3	5	6	1	4	9	7	2
9	4	6	2	5	7	3	1	8
4	8	9	5	6	1	7	2	3
7	6	2	3	9	8	1	5	4
3	5	1	4	7	2	8	9	6

Puzzle # 62

7	8	6	3	4	1	5	9	2
5	1	3	9	2	8	6	7	4
2	4	9	5	6	7	8	1	3
9	3	2	1	7	5	4	6	8
6	5	4	8	9	2	1	3	7
1	7	8	6	3	4	2	5	9
3	2	7	4	5	6	9	8	1
4	6	1	7	8	9	3	2	5
8	9	5	2	1	3	7	4	6

Puzzle # 63

2	9	1	4	8	5	7	3	6
5	8	4	6	3	7	9	1	2
3	7	6	9	2	1	5	8	4
4	5	3	8	9	6	2	7	1
6	1	8	2	7	4	3	9	5
7	2	9	1	5	3	4	6	8
9	3	2	5	1	8	6	4	7
1	6	5	7	4	9	8	2	3
8	4	7	3	6	2	1	5	9

Puzzle # 64

7	9	3	5	1	4	8	2	6
8	6	4	7	2	9	1	5	3
2	1	5	6	3	8	9	7	4
9	7	8	1	5	6	4	3	2
5	2	6	4	9	3	7	1	8
3	4	1	8	7	2	6	9	5
1	8	9	2	6	5	3	4	7
4	3	2	9	8	7	5	6	1
6	5	7	3	4	1	2	8	9

Puzzle # 65

7	9	2	4	8	6	5	3	1
1	5	3	7	9	2	4	6	8
8	4	6	3	1	5	2	9	7
5	6	1	8	7	4	9	2	3
2	3	7	5	6	9	8	1	4
9	8	4	2	3	1	7	5	6
3	1	8	9	5	7	6	4	2
6	2	9	1	4	8	3	7	5
4	7	5	6	2	3	1	8	9

Puzzle # 66

7	4	3	2	5	6	8	9	1
5	8	9	1	7	4	2	6	3
1	6	2	3	9	8	4	5	7
9	3	7	4	6	2	5	1	8
6	2	8	5	3	1	7	4	9
4	5	1	7	8	9	3	2	6
3	1	4	9	2	7	6	8	5
2	7	6	8	1	5	9	3	4
8	9	5	6	4	3	1	7	2

Puzzle # 67

9	7	2	5	4	1	6	8	3
5	8	6	9	2	3	1	4	7
3	4	1	6	7	8	5	9	2
7	3	8	2	9	5	4	1	6
2	5	9	4	1	6	3	7	8
6	1	4	3	8	7	2	5	9
8	9	3	1	6	4	7	2	5
1	2	5	7	3	9	8	6	4
4	6	7	8	5	2	9	3	1

Puzzle # 68

1	9	5	7	8	6	4	2	3
2	4	8	5	3	9	7	6	1
3	7	6	1	4	2	8	5	9
5	2	9	4	7	3	1	8	6
4	3	7	6	1	8	2	9	5
6	8	1	9	2	5	3	7	4
7	5	3	2	9	4	6	1	8
9	1	4	8	6	7	5	3	2
8	6	2	3	5	1	9	4	7

Puzzle # 69

7	3	4	8	1	6	2	9	5
9	1	5	3	7	2	6	8	4
2	8	6	5	4	9	7	3	1
5	2	1	7	3	4	9	6	8
8	7	3	6	9	1	4	5	2
4	6	9	2	8	5	1	7	3
1	4	7	9	5	8	3	2	6
3	5	2	4	6	7	8	1	9
6	9	8	1	2	3	5	4	7

Puzzle # 70

3	8	9	6	2	5	4	1	7
6	7	1	3	8	4	5	2	9
4	2	5	9	1	7	3	6	8
9	5	8	2	6	1	7	4	3
1	6	4	7	9	3	2	8	5
2	3	7	4	5	8	1	9	6
7	4	6	8	3	2	9	5	1
5	9	3	1	4	6	8	7	2
8	1	2	5	7	9	6	3	4

Puzzle # 71

4	5	2	3	9	6	7	1	8
1	6	9	7	5	8	2	3	4
8	3	7	1	4	2	9	6	5
5	8	1	2	7	3	4	9	6
2	4	3	9	6	5	1	8	7
7	9	6	8	1	4	5	2	3
9	7	5	6	8	1	3	4	2
6	2	4	5	3	9	8	7	1
3	1	8	4	2	7	6	5	9

Puzzle # 72

5	2	4	6	7	8	1	3	9
8	9	1	2	4	3	5	7	6
6	3	7	5	9	1	8	2	4
3	1	2	8	6	5	9	4	7
9	4	8	7	3	2	6	5	1
7	6	5	4	1	9	2	8	3
1	8	9	3	5	7	4	6	2
4	5	3	9	2	6	7	1	8
2	7	6	1	8	4	3	9	5

Puzzle # 73

8	4	9	1	2	6	3	7	5
1	7	2	8	3	5	9	4	6
3	6	5	4	9	7	1	2	8
6	5	7	3	8	2	4	9	1
9	3	8	7	4	1	6	5	2
4	2	1	6	5	9	7	8	3
7	9	3	5	6	8	2	1	4
5	1	4	2	7	3	8	6	9
2	8	6	9	1	4	5	3	7

Puzzle # 74

9	8	5	2	4	7	1	3	6
2	3	6	8	1	9	5	4	7
7	1	4	6	3	5	2	9	8
3	9	7	1	8	6	4	5	2
5	6	2	3	9	4	7	8	1
1	4	8	7	5	2	9	6	3
6	2	9	5	7	8	3	1	4
8	5	1	4	2	3	6	7	9
4	7	3	9	6	1	8	2	5

Puzzle # 75

7	5	6	1	9	4	3	8	2
2	8	3	5	7	6	4	9	1
9	4	1	8	3	2	6	5	7
5	2	9	6	4	1	7	3	8
1	6	8	3	5	7	9	2	4
3	7	4	9	2	8	5	1	6
6	3	2	7	8	9	1	4	5
8	1	5	4	6	3	2	7	9
4	9	7	2	1	5	8	6	3

Puzzle # 76

8	9	6	7	1	2	5	3	4
1	4	3	8	6	5	7	2	9
2	5	7	4	9	3	8	1	6
6	1	4	5	2	8	9	7	3
7	3	9	6	4	1	2	8	5
5	8	2	9	3	7	4	6	1
3	7	5	1	8	9	6	4	2
9	6	1	2	7	4	3	5	8
4	2	8	3	5	6	1	9	7

Puzzle # 77

2	7	4	1	6	5	8	3	9
3	9	6	2	4	8	1	5	7
8	5	1	7	3	9	6	2	4
4	3	7	6	5	1	2	9	8
5	1	2	9	8	7	4	6	3
6	8	9	4	2	3	5	7	1
7	2	5	3	1	4	9	8	6
9	4	8	5	7	6	3	1	2
1	6	3	8	9	2	7	4	5

Puzzle # 78

9	2	1	7	3	6	8	4	5
6	3	8	9	5	4	1	7	2
5	4	7	2	1	8	6	3	9
7	1	6	3	9	5	2	8	4
3	9	4	6	8	2	5	1	7
2	8	5	4	7	1	3	9	6
4	5	9	1	2	3	7	6	8
1	7	2	8	6	9	4	5	3
8	6	3	5	4	7	9	2	1

Puzzle # 79

1	4	3	9	2	5	6	8	7
5	6	9	8	3	7	2	1	4
8	2	7	1	6	4	9	3	5
7	1	6	3	4	9	8	5	2
9	5	2	7	1	8	3	4	6
3	8	4	6	5	2	7	9	1
4	9	5	2	8	6	1	7	3
6	7	1	4	9	3	5	2	8
2	3	8	5	7	1	4	6	9

Puzzle # 80

6	8	9	5	4	2	3	7	1
5	1	7	6	8	3	2	4	9
3	2	4	9	1	7	5	6	8
8	5	6	1	7	4	9	2	3
4	9	1	2	3	6	7	8	5
2	7	3	8	5	9	4	1	6
1	3	5	7	2	8	6	9	4
7	6	8	4	9	5	1	3	2
9	4	2	3	6	1	8	5	7

Puzzle # 81

4	7	9	6	2	5	3	8	1
8	3	6	7	4	1	5	2	9
2	5	1	8	9	3	6	7	4
3	1	4	9	5	7	8	6	2
5	8	7	4	6	2	9	1	3
9	6	2	3	1	8	4	5	7
1	9	5	2	8	4	7	3	6
6	2	3	5	7	9	1	4	8
7	4	8	1	3	6	2	9	5

Puzzle # 82

9	3	2	4	6	5	7	8	1
4	6	1	7	8	9	2	3	5
8	5	7	3	1	2	4	9	6
5	9	3	2	7	8	1	6	4
2	7	6	1	3	4	9	5	8
1	8	4	9	5	6	3	2	7
7	4	8	5	2	3	6	1	9
6	2	9	8	4	1	5	7	3
3	1	5	6	9	7	8	4	2

Puzzle # 83

8	1	6	2	3	9	7	4	5
9	4	5	7	1	8	3	6	2
3	7	2	6	4	5	9	1	8
1	8	9	3	7	6	5	2	4
6	5	4	9	8	2	1	7	3
2	3	7	1	5	4	6	8	9
5	2	3	8	6	1	4	9	7
7	9	1	4	2	3	8	5	6
4	6	8	5	9	7	2	3	1

Puzzle # 84

6	1	7	3	9	4	8	5	2
8	4	9	7	2	5	1	6	3
2	3	5	6	1	8	4	7	9
7	2	6	8	3	1	5	9	4
4	5	1	2	6	9	3	8	7
3	9	8	5	4	7	6	2	1
5	7	2	4	8	3	9	1	6
1	6	3	9	5	2	7	4	8
9	8	4	1	7	6	2	3	5

Puzzle # 85

2	1	5	7	9	3	8	6	4
6	7	9	8	1	4	5	2	3
8	3	4	5	6	2	1	9	7
9	5	3	2	7	1	6	4	8
1	4	8	9	3	6	7	5	2
7	6	2	4	5	8	9	3	1
3	8	6	1	4	5	2	7	9
4	9	1	6	2	7	3	8	5
5	2	7	3	8	9	4	1	6

Puzzle # 86

4	8	9	7	2	3	6	1	5
1	5	2	6	9	4	8	3	7
3	6	7	5	8	1	2	9	4
5	3	1	4	6	9	7	8	2
9	4	8	2	1	7	3	5	6
7	2	6	8	3	5	1	4	9
8	9	5	3	7	2	4	6	1
6	7	4	1	5	8	9	2	3
2	1	3	9	4	6	5	7	8

Puzzle # 87

7	3	5	9	4	6	1	2	8
6	1	4	2	8	3	9	7	5
9	8	2	7	1	5	3	6	4
8	4	6	1	5	9	7	3	2
2	9	1	3	7	4	5	8	6
5	7	3	6	2	8	4	9	1
4	6	9	5	3	2	8	1	7
3	5	7	8	6	1	2	4	9
1	2	8	4	9	7	6	5	3

Puzzle # 88

1	9	5	2	7	6	4	3	8
4	2	3	1	5	8	7	9	6
6	7	8	4	3	9	5	2	1
7	6	2	8	4	5	3	1	9
5	8	4	9	1	3	6	7	2
9	3	1	7	6	2	8	4	5
8	5	9	3	2	4	1	6	7
2	4	7	6	8	1	9	5	3
3	1	6	5	9	7	2	8	4

Puzzle # 89

8	5	7	6	3	4	9	1	2
9	4	3	5	2	1	7	8	6
6	2	1	8	9	7	4	3	5
1	9	5	2	7	8	3	6	4
4	7	6	3	1	9	2	5	8
3	8	2	4	5	6	1	9	7
7	6	8	1	4	3	5	2	9
2	3	4	9	8	5	6	7	1
5	1	9	7	6	2	8	4	3

Puzzle # 90

6	9	2	7	8	5	1	4	3
8	1	3	9	2	4	7	6	5
7	5	4	1	6	3	8	2	9
1	4	9	3	5	8	6	7	2
2	3	8	4	7	6	9	5	1
5	7	6	2	9	1	4	3	8
4	2	7	8	3	9	5	1	6
3	8	5	6	1	7	2	9	4
9	6	1	5	4	2	3	8	7

Puzzle # 91

9	3	1	5	2	6	4	8	7
2	8	5	1	4	7	3	9	6
7	4	6	8	3	9	2	5	1
4	2	9	3	5	1	6	7	8
6	1	3	4	7	8	9	2	5
8	5	7	6	9	2	1	4	3
1	6	4	9	8	5	7	3	2
3	7	8	2	6	4	5	1	9
5	9	2	7	1	3	8	6	4

Puzzle # 92

3	4	8	7	1	5	2	6	9
2	6	1	3	8	9	5	4	7
5	7	9	6	2	4	1	3	8
4	2	3	1	5	8	7	9	6
1	5	7	4	9	6	3	8	2
9	8	6	2	7	3	4	1	5
6	9	2	5	4	1	8	7	3
8	1	5	9	3	7	6	2	4
7	3	4	8	6	2	9	5	1

Puzzle # 93

4	7	5	2	6	3	9	1	8
1	3	9	4	8	5	7	6	2
6	2	8	9	7	1	3	4	5
7	5	3	6	1	9	2	8	4
8	9	1	5	2	4	6	7	3
2	6	4	8	3	7	5	9	1
3	1	2	7	4	6	8	5	9
9	8	6	1	5	2	4	3	7
5	4	7	3	9	8	1	2	6

Puzzle # 94

6	8	9	1	3	2	5	7	4
3	2	5	7	9	4	1	6	8
1	4	7	5	6	8	2	9	3
9	5	4	2	7	6	3	8	1
7	1	8	4	5	3	6	2	9
2	6	3	8	1	9	7	4	5
5	3	2	9	4	7	8	1	6
4	7	1	6	8	5	9	3	2
8	9	6	3	2	1	4	5	7

Puzzle # 95

2	5	1	8	9	7	3	4	6
8	3	9	5	6	4	2	1	7
7	6	4	3	2	1	8	9	5
6	9	8	2	7	5	1	3	4
5	1	2	9	4	3	6	7	8
4	7	3	1	8	6	9	5	2
9	2	5	4	3	8	7	6	1
3	4	6	7	1	2	5	8	9
1	8	7	6	5	9	4	2	3

Puzzle # 96

3	1	9	4	2	8	6	7	5
6	7	2	3	5	1	4	9	8
8	4	5	6	9	7	2	1	3
2	5	7	8	1	4	9	3	6
9	8	1	2	3	6	5	4	7
4	3	6	9	7	5	1	8	2
7	6	4	1	8	2	3	5	9
1	9	8	5	6	3	7	2	4
5	2	3	7	4	9	8	6	1

Puzzle # 97

2	4	6	9	7	1	5	8	3
9	7	5	3	2	8	1	4	6
1	3	8	4	6	5	7	9	2
4	6	7	2	5	9	8	3	1
8	2	3	7	1	4	6	5	9
5	1	9	6	8	3	2	7	4
6	8	4	5	9	2	3	1	7
7	9	1	8	3	6	4	2	5
3	5	2	1	4	7	9	6	8

Puzzle # 98

4	6	8	9	5	1	2	7	3
9	7	3	6	8	2	1	5	4
2	5	1	7	3	4	6	8	9
3	1	7	4	6	5	9	2	8
8	4	5	2	9	3	7	1	6
6	2	9	8	1	7	4	3	5
5	3	6	1	7	9	8	4	2
1	8	4	3	2	6	5	9	7
7	9	2	5	4	8	3	6	1

Puzzle # 99

6	8	9	2	5	3	1	4	7
3	7	4	9	8	1	5	6	2
1	2	5	6	4	7	3	8	9
7	9	6	8	1	5	4	2	3
2	5	3	4	7	6	8	9	1
8	4	1	3	9	2	7	5	6
5	6	8	1	3	9	2	7	4
4	3	2	7	6	8	9	1	5
9	1	7	5	2	4	6	3	8

Puzzle # 100

5	4	9	6	7	8	1	3	2
3	8	2	1	4	9	6	5	7
7	6	1	3	5	2	4	9	8
4	2	8	7	3	1	5	6	9
6	3	7	9	2	5	8	1	4
9	1	5	4	8	6	2	7	3
8	9	3	5	6	4	7	2	1
2	7	6	8	1	3	9	4	5
1	5	4	2	9	7	3	8	6

www.ingramcontent.com/pod-product-compliance
Lightning Source LLC
Chambersburg PA
CBHW080547220526
45466CB00010B/3066
* 9 7 8 1 6 5 8 3 2 3 1 4 7 *